Mein Gartenbuch

für das Jahr

VORWORT

Ein Garten Tagebuch ist ein praktisches Werkzeug für Gärtner, um Informationen über Ihren Garten zu sammeln und nützliche Beobachtungen festzuhalten.

Hier sind einige Anregungen, die Sie in Ihrem persönlichen Garten Tagebuch festhalten können:

Pflanzungen und Aussaat:

Notieren Sie das genaue Datum, an dem Sie Samen gesät oder Pflanzen in den Boden gesetzt haben.

Vermerken Sie, welche Sorten Sie gepflanzt haben und wie viele von jeder Sorte.

Beschreiben Sie den Standort, an dem die Pflanzen platziert wurden, z.B., ob sie in voller Sonne, im Schatten oder in einem Hochbeet sind.

Beispiel: "Am 15. April 2023 habe ich 10 Tomatenpflanzen (Sorte: Roma) in das Hochbeet in meinem Hinterhof gepflanzt."

Wetterdaten:

Notieren Sie die täglichen Höchst- und Tiefsttemperaturen.

Vermerken Sie, ob es geregnet hat und wie viel.

Erfassen Sie die Anzahl der Stunden, in denen die Sonne schien.

Beispiel: "Am 1. Mai 2023 war es sonnig, warm und trocken. Höchsttemperatur 25°C."

Pflegemaßnahmen:

Schreiben Sie auf, wie oft und wie viel Sie Ihre Pflanzen gegossen haben.

Dokumentieren Sie, welche Art von Dünger Sie verwendet haben und in welcher Menge.

Beschreiben Sie, welche Pflanzen Sie beschnitten haben und warum.

Notieren Sie, wann und wie Sie Unkraut entfernt haben.

Beispiel: "Heute am 14. August habe ich meine Tomatenpflanzen tief gewässert und anschließend eine handvoll organischen Tomaten-dünger um jede Pflanze gestreut."

Schädlinge und Krankheiten:

Halten Sie fest, wenn Sie Schädlinge wie Blattläuse oder Schnecken bemerkten haben, und wie Sie damit umgegangen sind.
Notieren Sie Anzeichen von Pflanzenkrankheiten.

Beispiel: "Am 10. Juli habe ich Blattläuse auf meinen Rosen entdeckt. Ich habe sie mit einem Gemisch aus Wasser und Spülmittel besprüht, um sie zu bekämpfen."

Erfolge und Misserfolge:

Beschreiben Sie, welche Pflanzen besonders gut gewachsen sind und welche Erträge sie produziert haben.
Notieren Sie, wenn Pflanzen nicht gut gediehen sind und was Sie möglicherweise anders machen würden.

Beispiel: "Die Zucchinipflanzen haben in diesem Jahr einen großen Ertrag und schmecken SUPER. Leider sind die Paprika in diesem Jahr klein geblieben, und ich denke, dass sie mehr Sonnenlicht benötigen."

Fotos und Skizzen:

Fügen Sie Fotos von Ihren Pflanzen und Ihrem Garten hinzu, um das Wachstum im Laufe der Zeit zu dokumentieren.
Skizzen können nützlich sein, um Gartenlayouts oder Veränderungen im Design festzuhalten.

Auch getrocknete Blütenblätter können in das Tagebuch eingeklebt werden.

Auch Ideen aus einem Gartenmagazin, die Sie vielleicht umsetzen wollen, können Sie ausschneiden und in Ihrem Tagebuch festhalten. So geraten diese nicht so schnell in Vergessenheit.

Gartendesign:

Skizzieren Sie Änderungen oder neue Ideen für Ihren Garten. Notieren Sie Details wie Pflanzpositionen und Strukturpläne.

Beispiel: "Überlege, ein Kräuterbeet im hinteren Gartenbereich zu pflanzen und plane, welche Kräuter ich dort anbauen möchte."

Ernte- und Lagerungsinformationen:

Notieren Sie, wann Sie bestimmte Früchte oder Gemüse geerntet haben.
Geben Sie an, wie Sie die Ernte lagern, konservieren oder verarbeiten.

Beispiel: "Am 21. August habe ich 2 kg Tomaten geerntet und werde sie in Kisten aufbewahren, bis ich sie zu Tomatensauce verarbeite."

To-Do-Listen:

Listen Sie Aufgaben auf, die im Garten zu erledigen sind, wie das Umpflanzen von Blumen oder das Mulchen der Beete.
Priorisieren Sie Aufgaben je nach Dringlichkeit.

Beispiel: "To-Do-Liste für die nächste Woche: 1) Rasen mähen, 2) Rosen düngen, 3) Unkraut im Gemüsegarten jäten."

Persönliche Beobachtungen und Gedanken:

Teilen Sie Ihre persönlichen Gedanken über den Garten, Erfahrungen, Inspirationen und Freude über Erfolge.

Beispiel: "Der Garten bringt so viel Freude und Entspannung. Die blühenden Blumen sehen wunderschön aus, und ich freue mich darauf, frisches Gemüse zu ernten."

Gästebuch

Haben Sie Gäste in Ihrem Garten bewirtet? Dann bitten Sie diese doch einige Zeilen in das Gartenbuch zu schreiben.

Die Aufzeichnungen helfen nicht nur, Ihren Garten besser zu verstehen, sondern bieten auch eine großartige Möglichkeit, Ihre Gartenreise im Laufe der Zeit zu verfolgen und zu genießen.

Das Tagebuch hindert Sie nicht in Ihrer Kreativität. Es gibt reichlich Platz, um die für Sie nützlichen Dinge festzuhalten.

Am Besten nehmen Sie das Tagebuch immer mit in den Garten, um zwischendurch Ihre Aktivitäten und Gedanken zu notieren.

Es ist nach längerer Zeit sicher sehr interessant, was Sie so alles in diesem Buch notiert haben.

Ab der Seite 193 finden Sie den Aussaatkalender.

Nun viel Spaß und Erfolg bei Ihrer Gartenarbeit.

Aussaatkalender

Für eine erfolgreiche Aussaat sind Temperatur und der richtige Zeitpunkt entscheidend. Nachfolgend finden Sie eine Übersicht, welche Arbeiten im jeweiligen Monat durchgeführt werden können.
Beachten Sie dabei bitte, dass sich je nach Temperatur diese Termine nach vorne oder nach hinten verschieben können.

Januar

Kältetolerante Gemüsesorten können bereits im Gewächshaus oder auf der Fensterbank gesät werden. Die Wuchsgeschwindigkeit ist jedoch nicht zu vergleichen mit der Aussaat bei wärmerem Wetter.

Ganzjährig bietet sich der Feldsalat als besonders robustes und wüchsiges Blattgemüse an. Unter Glas gedeihen im Winter auch Spinat und Winterkresse. Einige Pflücksalat-Sorten sind so frosttolerant, dass sie bereits ab Mitte Januar im ungeheizten Gewächshaus ausgesät werden können.
Ab Ende Januar beginnt man oft schon mit der Vorzucht von Pflanzen auf der Fensterbank, die dann ab Anfang März ins Gewächshaus umziehen. Auch Kohlrabi kann schon ab Mitte Januar im Haus ausgesät werden, um Jungpflanzen heranzuziehen. Im Januar können Rettich und Radieschen hingegen direkt im Frühbeet oder Gewächshaus ausgesät werden.

Februar

Im Februar sollten Sie sich um langsam wachsende Gemüsesorten kümmern. Diese benötigen viel Zeit, um auszureifen.

Aussaaten im Frühbeet und Gewächshaus:
Weiterhin ist es möglich, Blattgemüse wie Spinat im Gewächshaus schrittweise auszusäen und regelmäßig zu ernten. Ab Ende Februar können Endivien, Römersalat, Eisbergsalat und Saatzwiebeln im Gewächshaus gesät werden. Die Keimung kann bei niedrigen Temperaturen manchmal recht langsam sein, aber der Prozess kann beschleunigt werden, indem man Abdeckungen wie Vlies oder Mulchmaterialien verwendet.

Aussaat im Freiland:
Radieschen, Rettich und Ackerbohnen können im Freien gesät werden, sobald der Boden frostfrei ist. Diese Pflanzen sind widerstandsfähig gegenüber leichten Frösten.

Vorkultur:
In einem beheizten Gewächshaus können Sie ab Mitte Februar bereits mit der Vorkultur von Auberginen, Paprika und Chilis beginnen. Wenn Sie beabsichtigen, diese Pflanzen später ins Freiland zu setzen, ist es ratsam, die Vorkultur erst gegen Ende Februar oder Anfang März zu starten. Andernfalls werden die Jungpflanzen zu groß, bevor sie ins Freie umgesiedelt werden können.
Die lange Kultur von Artischocken erfordert eine frühe Vorkultur ab Mitte Februar.
Auch für frühe Sorten von Kopfkohl ist es jetzt an der Zeit, sie vorzuziehen. Für Sommerlauch, der im April ins Freiland gepflanzt werden soll, ist es notwendig, jetzt Lauch zu säen.

März

Vorkultur:
Jetzt ist die Zeit gekommen, Andenbeeren und Tomatillo auszusäen und auf dem Fensterbrett zu kleinen Pflänzchen heranzuziehen. Frühe Sorten von Kopfkohl und Blumenkohl sowie Brokkoli werden nun für die Gewächshauskultur gesät. Auf der Fensterbank oder im Gewächshaus können auch Knollenfenchel, Knollensellerie, Gemüseartischocke und Mangold vorgezogen werden.

Aussaat im Freiland:
Im Gartenbeet ist es jetzt an der Zeit, die ersten Wurzelgemüse wie Pastinaken, Petersilienwurzeln, Schwarzwurzeln und Möhren zu säen.

Diese Doldenblütler gedeihen besonders gut in Gesellschaft von ebenfalls im März gesäten Lauchzwiebeln, Porree und Saatzwiebeln. Die widerstandsfähigeren Hülsenfrüchte wie Erbsen und Ackerbohnen können bereits im März im Gartenbeet prächtig wachsen. Radieschen haben von Mitte des Monats bis Anfang September ihre Hauptsaatsaison; wer wöchentlich sät, kann kontinuierlich ernten. Für Blattgemüse wie Salate, Feldsalat und die Gartenmelde erfolgt nun die Freilandaussaat, die bis Anfang September dauert. Speisezwiebeln und Knoblauchzehen können direkt ins Beet gesät oder am Monatsende eingepflanzt werden.

Manchmal haben Hobbygärtner den Wunsch, ihre geliebten Tomatenpflanzen bereits Ende Februar oder Anfang März zu säen, um sicherzustellen, dass sie früher dran sind als ihre Nachbarn. Es ist ratsam, sich nicht auf solch einen Wettbewerb einzulassen. Tomatenpflanzen, die zu früh ausgesät werden, neigen dazu, aufgrund von Lichtmangel in die Höhe zu schießen, sind dünn und instabil, und sie werden anfälliger für Krankheiten. Eine Aussaat Anfang April ist mehr als ausreichend früh.

April

Vorkultur:
Jetzt ist die perfekte Zeit, um auf dem warmen Fensterbrett Melonen, Gurken, Kürbisse und Zucchini zum Keimen zu bringen. Auch Gemüse- oder Popcornmais sowie Stangenbohnen und die wärmeliebende Kapuzinerkresse gedeihen prächtig, wenn sie zuerst im Haus vorgezogen werden. Rosenkohl wird jetzt ebenfalls vorab kultiviert, um später, frühestens im Juni, ins Freiland umgesetzt zu werden. Tomaten werden zu robusten Jungpflanzen herangezogen und Mitte Mai ins Freiland verpflanzt. Gurken können jetzt für die Voranzucht vorbereitet werden.

Saat im Freiland:
Rote Bete und Mangold können ab Mitte des Monats direkt ins Beet gesät

werden. Kopfsalate, Rauke und Asia-Salate werden in regelmäßigen Abständen ausgesät, um stets eine frische Ernte zur Verfügung zu haben. Zuckererbsen und Erbsen finden nun ihren Platz im Freiland. Wirsingkohl wird direkt ins Beet gesät. Die Mairübe wird entgegen ihres Namens von Anfang April bis Juli gesät. Die Saat von Speisezwiebeln kann bis Monatsende erfolgen, und es ist auch Zeit, Steckzwiebeln und Knoblauch zu setzen.

Mai

Der wunderbare Monat Mai bietet die perfekte Gelegenheit, Gemüse mit späten Ernteterminen - bis hin in den Herbst und Winter - anzusäen.

Freilandaussaat:
Ab Mitte Mai, nach den letzten Frösten, können Steckrüben direkt ins Beet gesät werden. Das gilt auch für Feuerbohnen, Busch- und Stangenbohnen. Darüber hinaus eignet sich dieser Zeitpunkt hervorragend für die Aussaat von Blattgemüse wie Asia-Salaten und Wildsalaten wie Sommerportulak, die bis in den Herbst hinein geerntet werden können. Auch Fenchel wird direkt im Freiland ausgesät, ebenso wie Rotkraut, Weißkraut und Gurken. Kartoffeln sollten in diesem Monat gepflanzt werden. Die Saat von Pastinaken und Mangold ins Beet ermöglicht später die Zubereitung köstlicher Pfannengerichte.

Vorkultur:
Für die Vorkultur des Grünkohl, ist es nun an der Zeit, ihn auszusäen, um ihn im Juni oder Juli ins Freiland umzusiedeln.

Juni

Aussaat im Freiland:
Im Juni werden Salat-Kulturen gesät, die trotz Wärme nicht zum Blühen neigen, wie beispielsweise Zuckerhut und Radicchio. Auch Kohlgewächse wie Pak Choi und Herbstsorten des Blumenkohls werden im Juni direkt ins Beet gesät. Für die Folgekulturen von Radieschen, Salaten und Möhren ist im Sommer noch

Zeit. Auch für Fenchel und Pastinake findet nun die Saat statt. Chinakohl, Pak Choi und Mairüben werden gesät, genauso wie Mangold.

Aussaat im Gewächshaus:
Wenn im Gewächshaus noch Platz ist, können gut und gerne noch Tomaten und Gurken direkt gesät werden.

Juli

Im Juli, mitten im Hochsommer, beginnt man bereits, an den nahenden Herbst zu denken.

Freilandaussaat:
Herbst- und Winterrettiche, wie zum Beispiel der Schwarze Rettich und die Winterheckenzwiebel, sollten jetzt im Beet Platz finden.
Ebenso kann Chinakohl direkt ins Freiland gesät werden. Wenn Sie Möhren spät im Jahr säen, können Sie im Herbst und Winter ernten. Dies ist auch die optimale Zeit, um Herbstrüben zu säen, die in winterlichen Eintöpfen köstlich schmecken. Chinakohl und Pak Choi, die als Sommergemüse dienen, sollten ebenfalls im Juli ausgesät werden.

August

Im August, während die Tageslänge abnimmt, bietet sich eine hervorragende Gelegenheit für die Vorbereitung von Herbstkulturen wie Winterheckenzwiebeln, Winterrettichen und Chinakohl. Für Gemüse, das schrittweise angepflanzt wird, wie Feldsalat und Radieschen, ist immer noch Saison. Es ist an der Zeit, Herbstrüben zügig im Beet zu säen. Mangold, der im August gesät wird, wird den Winter im Beet überstehen und erst im Frühling geerntet.

September

Im September rückt das Gewächshaus zur Verlängerung der Anbauzeit wieder stärker in den Fokus:

Freilandaussaat:
Die letzten Aussaaten von Spinat, Salaten, Feldsalat, Radieschen, Winterportulak, Winterkresse, Winterheckenzwiebel und Senf werden nun in die Beete eingebracht. Gleichzeitig ist es an der Zeit, abgeerntete Flächen mit Gründüngung zu bedecken. Hierbei bieten sich Pflanzen wie Senf, Winterraps oder Feldsalat an. Ebenso können Schwarzwurzeln und Mangold noch bis Mitte September ausgesät werden, um den Winter als Jungpflanzen zu überstehen.

Gewächshausaussaat:
Schnell wachsende, frostresistente Radieschen, Pflück- und Schnittsalate sowie Asia-Salate, die nun im Gewächshaus oder Frühbeet gesät werden, sind bereits vor dem Winter erntereif.

Oktober

Im Gewächshaus gibt es nun wieder Raum für das Überwintern von Blattgemüse wie Spinat, Feldsalat und Winterportulak. Darüber hinaus ist im Oktober noch Zeit, sowohl Blatt- als auch Kopfsalate im Gewächshaus auszusäen.
Im Freiland bietet sich die Möglichkeit, brach liegende Flächen mit Winterbegrünung zu bepflanzen, die bis ins Frühjahr hinein bestehen bleiben kann. Robuste Asia-Salate und Blattsenf, wie Mizuna, können ebenfalls noch ins Freie gesät werden. Sie erweisen sich als überraschend kältetolerant und können sogar draußen überwintern. Knoblauch kann im Oktober für das Frühjahrswachstum entweder in Form von Zehen oder Brutknollen in die Erde gesetzt werden.

November

Der Winter naht, begleitet von kürzeren Tagen, und dies ist die ideale Zeit für die Aussaat von Pflanzen, die erst im nächsten Frühjahr keimen sollen. Jetzt ist der Zeitpunkt gekommen, um Pflanzen ins Beet zu säen, die im nächsten Frühjahr sprießen sollen. Dazu gehören beispielsweise die Kerbelrübe, Pastinaken, frühwüchsige Möhren und Wurzelpetersilie. Im Gewächshaus besteht auch weiterhin die Möglichkeit, bekannte Winterkulturen und Asia-Schnittsalate zu säen.

Dezember

Im Dezember, während der dunkelsten Periode des Jahres, eignet sich der Monat nur für die Aussaat von Winterportulak und Feldsalat im Gewächshaus. Diese beiden Pflanzen benötigen etwas mehr Zeit, um zu keimen, können jedoch bei frostfreiem Wetter ab Februar geerntet werden. Die Anzucht von Kresse und anderen Microgreens auf der Fensterbank kann in dieser kalten Zeit ebenfalls eine gute Überbrückung sein, genauso wie die Nutzung von Gemüse, das Sie möglicherweise konserviert oder eingelagert haben.